FATCHI ENCYCLOPEDIA

肥志百科7
原來你是這樣的動物
C篇

肥志　編繪

時報出版

肥志百科7
原來你是這樣的
動物
C篇

編　　　繪　肥　志
主　　　編　王衣卉
企劃主任　王綾翊
校　　　對　曾韻儒
全書排版　evian

總　編　輯　梁芳春
董　事　長　趙政岷
時報文化出版企業股份有限公司
一〇八〇一九臺北市和平西路三段二四〇號
發行專線　（〇二）二三〇六六八四二
讀者服務專線　（〇二）二三〇四六八五八
郵　　　撥　一九三四四七二四 時報文化出版公司
信　　　箱　一〇八九九臺北華江橋郵局第九九信箱
時報悅讀網　www.readingtimes.com.tw
電子郵件信箱　yoho@readingtimes.com.tw
法律顧問　理律法律事務所　陳長文律師、李念祖律師
印　　　刷　和楹印刷有限公司
初版一刷　2024年2月23日
初版二刷　2024年6月21日
定　　　價　新臺幣480元

時報文化出版公司成立於一九七五年，並於一九九九年股票上櫃公開發行，於二〇〇八年脫離中時集團非屬旺中，以「尊重智慧與創意的文化事業」為信念。

肥志百科．7, 原來你是這樣的動物．C/ 肥志編．繪．-- 初版．-- 臺北市：時報文化出版企業股份有限公司, 2024.02
216面；17×23公分
ISBN 978-626-374-879-8(平裝)

1.CST: 科學 2.CST: 動物 3.CST: 通俗作品

307.9　113000394

目錄

雪豹的原來如此

《**山海經**》裡記載了這樣一種**動物**——

外型像**豹**，

體表卻是**白色**的，

還住在無草木的**石山**上。

聽起來……

是不是很**「神獸」**？

然而經過分析，

這很可能**不是捏造**的傳說，

因為……

牠，可能就是**如今**的——

註：周士琦《〈山海經〉「孟極」即「雪豹」考》：「《山海經》中的動物孟極，從其形狀、棲息地的自然環境、習性及產地等……都與今雪豹相同。」

這個身帶**環斑**，皮毛**灰白**，

且能在冰雪中**來去自如**的傢伙，

究竟有**什麼故事**呢？

這可能要追溯到**四百多萬年**前。

從那時起，雪豹的**祖先**
就選中了**青藏高原**做棲息地，

並以那裡為**中心**，
逐漸**擴散**到附近的山脈。

為了征服**嚴酷的環境**，
牠們不斷**「進化」**。

例如：可以禦寒的**厚長毛髮**、

可以吸入更多氧氣的**大鼻腔**，

還有就是……牠們**「全能」的尾巴**。

雪豹的**尾巴**大致與**身體一樣長**。

牠就像一根**平衡棒**，

幫助雪豹在**懸崖峭壁**上走得更**穩**，

冷的時候又能當**「圍巾」**，

據說**緊張**的時候
還可以拿來**咬著**舒緩情緒……

實在是……

然而正是**因為**這種動物
能無比**熟悉和適應**環境，

行蹤簡直**神出鬼沒**！

加上雪豹成年後還**愛獨居**，

想觀察牠們簡直**難得不行**……

那麼，**如此可愛**的傢伙

現今的狀況**如何**呢？

遺憾地說，**直到今天**，

雪豹的具體**數量**還**不清楚**，

只能根據觀測數據**推算**。

牠們目前主要生活在 **12 個國家**，

尼泊爾
塔吉克斯坦
俄羅斯
不丹
印度
蒙古
哈薩克斯坦
中國
巴基斯坦
富汗
吉爾吉斯斯坦
烏茲別克斯坦

數量**不到 7500 隻**。

小於7500

從**全球範圍**來看，適宜雪豹的**棲息地**

只有大約 **200 萬平方公里**。

不過我們**中國**
卻占了 **60%**！

也就是說，
中國是雪豹**最大的家**。

這個**「家人」**的存在

其實對**我們**乃至**全世界**都有重要意義！

簡單點講，雪豹就像是**「生態環境評估員」**，

牠們能**健康**地生活

就意味著棲息地的**生態系統**狀況**良好**，

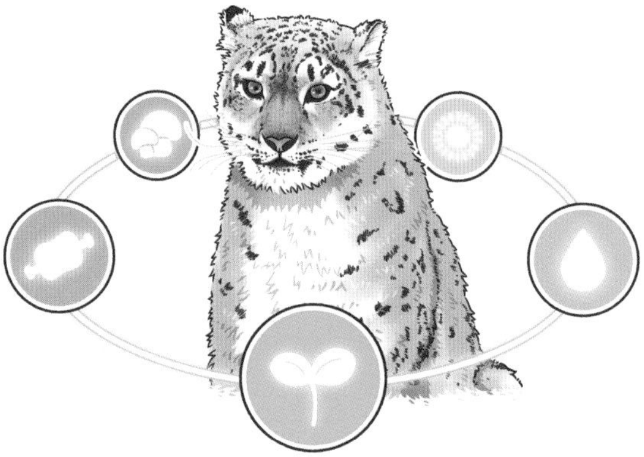

相反地，則**表示**生態系統可能**出現了問題**……

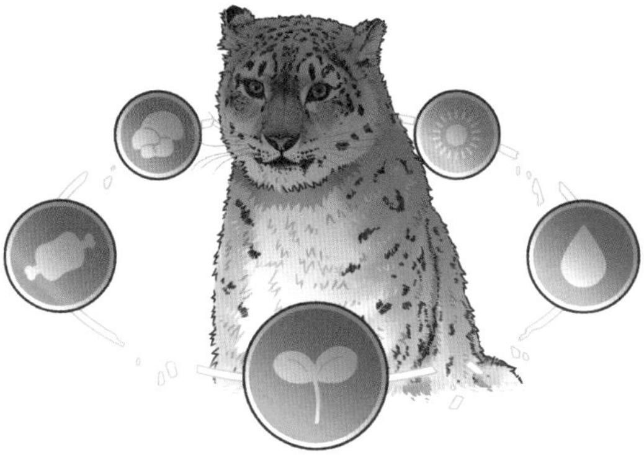

以**三江源地區**為例，

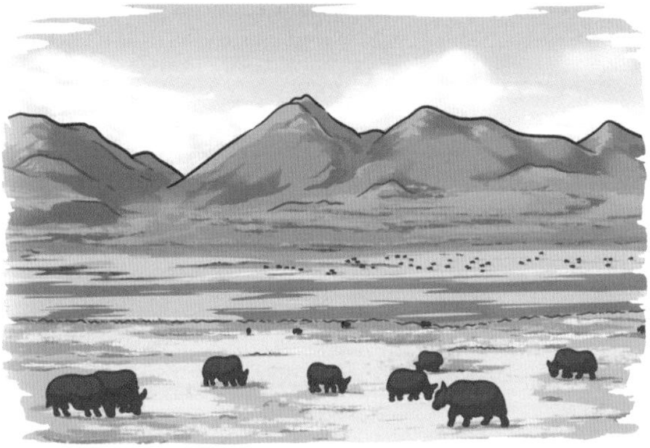

這裡是**黃河**、**長江**、**瀾滄江**的源頭，

全流域**十幾億人**的用水
都**仰賴這裡**的生態**健康和穩定**。

而這裡生態狀況**判定**的
一個**重要指標**

正是**雪豹**的生存狀況！

順帶提一個**好消息**，

目前**三江源**的雪豹種群在**穩定增長**。

也就是說，

我們的**生態環境品質**其實也在**穩定提高**！

厲害！嗯，**鼓掌**！

不過話說回來，
人類能跟**雪豹**相處
還得**感謝一個人**，

他就是**野外生物學泰斗**——
喬治・夏勒。

喬治・夏勒
George Schaller

夏勒 **19 歲**時就開始參加**野外考察**，

獅子、**老虎**、**美洲豹**……甚至**大熊貓**
都是他**研究的對象**。

在 **1970 年代**的一次**考察**中，
他就**偶遇**了雪豹。

那**美麗的毛色**、

矯健的身姿……

從此他**一發不可收**，

不僅**號召學界**跟蹤研究雪豹，

註：love，愛；lovely，可愛的。

同時**致力於**

讓**更多的人**瞭解並關愛雪豹。

註：fans club，粉絲俱樂部。

他更是**多次前來中國**

推動雪豹**研究和保護**事業，

LOVE豹

在他的**帶領**下，**各國政府**、**社會組織機構**、

野生動物保護愛好者們行動起來了。

貓盟CFCA
青海原上草
自然保護中心
山水自然
保護中心
荒野新疆
國際野生生物保護學會
(WCS)

雪豹也成為一條**聯繫**，

讓**人與自然**變得更**親密無間**。

如今，**世界自然保護聯盟**（IUCN）**紅色名錄**
已經將**雪豹**從**「瀕危」**降級為**「易危」**。

在這個**地球**上，
人類只是**生靈的一種**。

我們**共同生活**在這裡，

就如雪豹**一樣**，

雖然表面上沒有太多**交集**，

但我們只有互相**呵護**、彼此**敬畏**，

才能走得**更久**、**更遠**……

【完】

附錄

【無法咆哮】

基於生理結構上的演化差異，雪豹沒辦法像牠的「親戚」老虎、獅子那樣發出帥氣的「咆哮」。相反地，雪豹基本只會「嗷嗚」叫或「咻呼」叫，小時候還喜歡「咪咪」叫。

【原地「起飛」】

雪豹認真一蹦可以蹦出 15 米，約是自己體長與尾長總和的七倍。某次研究人員在野外偶遇雪豹，只是一個扭頭或者是調焦距的工夫，雪豹就已經輕輕一蹬，立刻「起飛」溜走了。

註：米，meter，長度單位，在香港稱為「米」，在台灣稱為「公尺」。

附錄

【雪山之王】

雪豹生活在山地、高原海拔 3000-5000 米的雪線附近，是分布海拔最高的食肉動物。據世界自然基金會（WWF）公布的研究紀錄，雪豹的生活海拔最高可以達到不可思議的 5859 米，相當於非洲最高峰吉力馬札羅山的高度。

【毛茸茸】

雪豹毛茸茸的皮毛是所有大型貓科動物中最厚、最長的。冬季，牠們的腹毛長度可以達到 12 釐米，幫助牠們抵禦寒冷而惡劣的山地氣候。不過到了夏季，這些毛髮又會縮短到 5 釐米左右。

註：釐米，centimeter，長度單位，在香港稱為「釐米」，在台灣稱為「公分」。

附錄

【尾巴身分證】

每隻雪豹身上的斑紋都是不一樣的，而其中最具「識別度」的正是雪豹毛茸茸的大尾巴。依靠尾巴上環紋的數量、屁股附近斑點的分布等訊息，科學家們能夠分辨不同的雪豹，據此完成雪豹的個體識別和統計。

【自殺式捕獵】

雪豹喜歡利用高山碎石的地形來隱藏身軀，從高處伏擊獵物。牠們會飛撲下陡峭的山坡，利用一開始飛躍的衝力制服獵物。這種行為有時候會導致他們和獵物一起墜下山崖，堪稱「自殺式捕獵」。

另外就是

雪豹身為美麗的「雪山精靈」，瀕危程度甚至超過了國寶大熊貓。網路上的宣傳固然增強了人們對雪豹的關注，但實際上，雪豹的保護依舊面臨許多難題。

難題之一，就是如何對全球的雪豹種群數量進行可信的估計。雪豹生存的高海拔山區對人類來說是「生命禁區」般的存在，更別提雪豹還行蹤詭祕、活動範圍極大。所以即便有越來越多的研究者冒著高寒缺氧的風險，前往雪豹分布區進行調查，但他們接觸雪豹的機會仍舊屈指可數；我國雖然依靠在野外架設紅外相機、拍攝照片建立了雪豹的個體影像庫，但就全球而言，雪豹數量評估仍進展緩慢。

為此，二〇一七年比什凱克國際雪豹峰會上，「全球雪豹種群的可信估計」被確立為雪豹保護的首要目標，設定在五年內，對全球二〇％的雪豹棲息地進行數量調查，以便為雪豹制訂更科學合理的保護目標和保護計劃。

肥志與小黃

四格小劇場

【第37話 白馬王子】

羊駝的原來如此

因為**「呆萌」**而爆紅的動物……

你會**想到**誰呢？

大熊貓？

倉鼠？

但其實還有一隻**「神獸」**，

牠就是**羊駝**！

雖然長得像**長頸鹿**和**綿羊**的**混血**，

但牠們的真正身分，

其實是**南美洲**的一種……**駱駝**。

大概**三四百萬年**前，

羊駝的祖先從**北美**

「移民」到了**安第斯山地區**。

為了適應**高原**生活，
牠們的毛變得**又細又厚**。

蹄也**進化**得更適合攀爬。
（兩趾分得更開，腳後跟有一個緩衝的軟墊。）

不過一些駱駝的**技能**，
牠們倒是還**保留**著。

例如，羊駝的**身體**也能像駱駝那樣**蓄水**，

連**生氣**，

也跟駱駝一樣喜歡**吐口水**……

南美洲的**印第安人**
最早意識到了羊駝的**價值**，

在約 **4000 年前**就**馴化**了這種
愛啃草的小可愛。

他們餓了**吃羊駝肉**，

冷了就**薅羊駝毛**，

加上**馬鈴薯**、**玉米**等農作物的種植，

印加大帝國就這麼誕生了！

羊駝也因此被他們視為**重要物資**，

從**養殖**到**薅毛**
都要由貴族安排人選小心**伺候**。

然而有一天，

西班牙人來了！

16 世紀，西班牙人到美洲**「淘金」**，

不僅**帶來了**

印第安人沒見過的**槍和炮**，

註：boom，擬聲詞，指炮彈爆炸聲。

更把歐洲的**天花**、**麻疹**、**傷寒**……

傳到了安第斯山。

印加文明受到了**滅頂之災**，

連羊駝也**沒能倖免**……

西班牙人帶來的**牛**、**羊**
占據了牠們的**草原**，

在**此後**的一個多世紀裡，
羊駝的數量**暴減了**近 90%。

那麼，羊駝是怎麼**翻身**的呢？

這要說到一個英國**紡織商人**，

他就是**泰特斯・索爾特**！

索爾特是做**羊毛生意**的，

但在他看來**羊毛**面料**不夠高級**，

於是乎**一直**在找更好的**原料**。

這時，他**遇見了**羊駝！

他發現這種動物的毛
比羊毛**更輕更柔軟**。

在一通**鼓搗**之後……

羊駝面料問世了！

人們被這種**新面料**的
柔軟和**光澤**所震驚，

它很快就在市場上**流行開來**。

羊駝這種差點被遺忘的動物

才又**回到**人們的**視野**裡，

隨後不僅在**南美洲**恢復了**養殖**，

還被**推廣**到了世界上更多的地方。

（澳洲、美國、加拿大、德國、英國、法國、中國、日本等國）

而相比之下，
東方這邊對羊駝的喜愛
則更多是因為**「顏值」**。

1999 年，**日本那須**建立了羊駝公園，

註：アルパカ，羊駝。

引進了 **200 隻**羊駝。

然後 **2008 年**，公園跟一家纖維製造公司
合作推出了**廣告**，

因為**可愛的外表**，

羊駝突然就這麼爆紅了……

不僅出了**遊戲**，

還為日本郵政**「代言」**……

註：羊駝帽子的圖案是日本郵局的標志；「ゆうパック」意思是「郵政小包」，相當於郵政包裹。

而在我們**中國**也差不多，

IN CHINA

一開始是因為**網路迷因**被發現，

在山的那邊……
海的那邊……
戈壁灘……
…………
……
……

後來隨著**網路社群**的快速**發展**，

羊駝就這樣一個俯衝

成了大家口中的**「神獸」**！

不過玩歸玩，

羊駝的**實用價值**我們也沒忘。

根據**世界貿易組織**（WTO）的統計，

2018 年**南美洲**出口的羊駝毛

50%以上都到了中國。

在得到**越來越多**人的**喜愛**後，

羊駝在中國也開始了**大規模養殖**。

相信在不久的將來，
牠們就有機會從網路**走進**更多人的**生活**。

這種既能**賣毛又能賣萌**的小傢伙
簡直是老天爺對**人類的恩賜**！

呵呵，如果能**騎著**牠上街就好了……

【完】

附錄

【羊駝節】

祕魯是世界上羊駝最多的國家。祕魯人把每年的 8 月 1 日定為羊駝節，以表彰羊駝養殖戶的貢獻。截至 2018 年，祕魯有約 360 萬隻羊駝，依靠出口羊駝毛年收入超過 1.66 億美元。

【太重不馱】

大羊駝曾是南美洲人民重要的「運輸工具」。不過，牠們可不像牛和馬那樣任勞任怨，身上馱的東西一重，牠們就不高興了，甚至還會躺在地上又叫又踢，直到主人同意卸貨才肯罷休。

附錄

【寶藏便便】

因為羊駝有定點排便的習慣，很方便印加人收集和使用牠的糞便。所以有學者認為這種「天然農家肥」讓印加人在土地貧瘠的高海拔山區，也有條件種植玉米等農作物，進而促進了印加帝國的建立。

【美味的羊駝】

羊駝肉不僅能吃，還是祕魯的一種傳統美食。近年來在英國和澳洲，羊駝肉也慢慢流行開來，有人拿牠做羊駝排，有人拿牠做漢堡。味道據說是牛肉和羊肉的混合版……

附錄

【新興萌寵】

羊駝呆萌乖巧毛茸茸，還會定點排便，讓不少人動起了養牠當寵物的念頭。而實際上在澳洲，寵物羊駝早已不是新鮮事，牠是和狗齊名的看守者，不僅能看家護院，還能幫人牧羊。

【神的纖維】

除了柔軟有光澤外，羊駝還有其他許多優點。例如：顏色豐富、堅韌、防水、絕緣、不易過敏。這也難怪在印加帝國時期，羊駝毛成了貴族專供，還被稱為「神的纖維」。

另外就是

動物的陪伴不僅能讓人心情愉悅，還能輔助心理治療師減輕患者的焦慮、憂鬱、疲勞等症狀，進而改善健康。這種方法就是著名的「動物輔助療法」（AAT）。不過……不是所有動物都能勝任這份工作。行為是否可靠、可控制、可預測是醫生選擇動物進行輔助治療的判斷關鍵；並且根據具體情況，還需要對動物的品種、性別、年齡、健康狀況和受訓練程度等等因素進行綜合評估。而作為生性溫順、喜愛社交的動物，近年來羊駝成功經受住了考驗，成為替人緩解憂慮的「羊駝醫生」。自二〇〇七年開始，美國奧勒岡州就定期組織羊駝前往當地的社區、醫院、養老院等機構，讓羊駝與那裡的患者親密接觸；德國、加拿大等國家也有老年看護中心引進羊駝作為老人閒暇時的陪伴。據悉，人們和羊駝一起散步，擁抱、撫摸這種毛茸茸的生物，不僅減輕了孤獨感和壓力，甚至連高血壓也得到了有效緩解。

肥志與小黃

四格小劇場

【第38話 沒必要做】

小熊貓的原來如此

說到**「熊貓」**，

我們第一個會想到的

十有八九是**中國「國寶」**。

然而，實際上**「熊貓」**這個名字

一開始指的卻是**另一種動物**

牠，就是**「小熊貓」**！

嗯……你是不是覺得**有點昏頭**？

從**外形**到**習性**上來說，

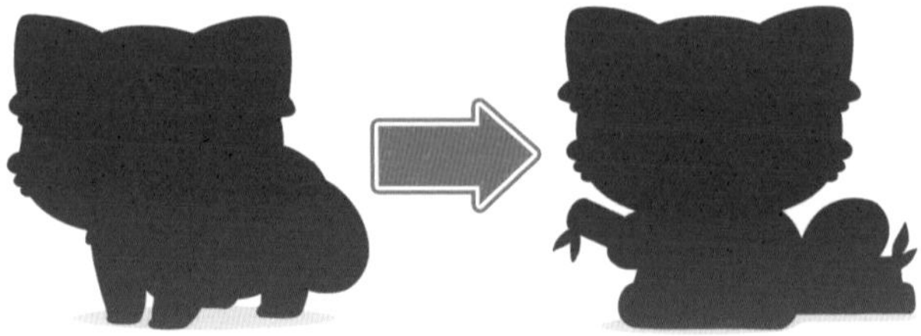

小熊貓**四肢粗短**，

爬起樹來**靈活自如**，

確實更**符合**「熊＋貓」這個設定。

可惜不僅**名字**被「國寶」**搶走**，

身分還常跟隔壁棚的**小浣熊搞混**……

可……可憐啊……

那麼這個小可愛
究竟有哪些故事呢？

小熊貓又叫**紅熊貓**，

顧名思義，牠們的**皮毛**是紅色的。

早在**上千萬年前**，
小熊貓就開始走上**獨立進化**之路，

是小熊貓科**如今唯一**的**「倖存者」**。

在**印度**、**尼泊爾**以及**我國的**
四川、**雲南**等地都能見到牠們的身影。

雖然小熊貓**看起來**像是**食肉動物**，

但**主食**其實是**竹子**。

由於竹子提供的**能量有限**

且**難消化**……

所以牠們除了**「吃飯」**外，

大多數時間就這麼**掛在樹上**——

不為賣萌，只為**「省電」**……

當然，牠們有時也會

去**偷偷鳥蛋**、**摘摘野果**什麼的……

但基本上是**素食**主義者。

而在遇到**威脅**時，
牠們就會露出**鋒利**的爪子，

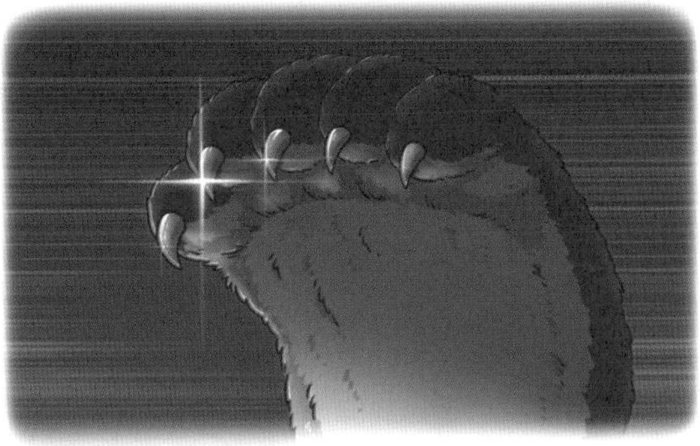

然後**雙手**舉起！

戰鬥力如何不知道，
反正樣子挺**可愛**……

人們雖然愛小熊貓的**萌**，

但在給牠們**取名**這件事上
卻一直相當**隨意**。

例如：在**中國**，

因為小熊貓老是趴在**樹頂**、**山頭曬太陽**，

四川人就叫牠們**「山門蹲」**，

而因為大尾巴布滿**花紋**，

又被叫**「九節狼」**。

不過這些都**不算是最差**的，

最早發現小熊貓的**歐洲人**

更是直接叫牠們為**「Wha」**，

原因是小熊貓的**叫聲**就是「哇」……

聽著有點**可憐**啊……

一直到 **1825 年**，

才出現了認真給牠們**取名字**的人，
這個人叫做**弗雷德里克·居維葉**，

弗雷德里克·居維葉
Frédéric Cuvier

是法國著名的**生物學家**。

有一天他收到了別人寄來的**包裹**。

打開一看，原來是一具

小熊貓的標本。

那火焰般的**皮毛**、

毛茸茸的**大尾巴**！

居維葉一下子就**被迷住**了！

他不僅當即宣稱
牠是世界上**最好看**的動物！

還為小熊貓取名**「Panda」**，

PANDA

據說是來自

尼泊爾語裡的**「Ponya」**，

“PONYA” ➡ PANDA

意思是「**吃竹子**的動物」。

嚼嚼嚼……

當然，只看標本**滿足不了**歐洲人，

為了一睹小熊貓的**真容**，
他們花了幾十年時間
弄到了一隻**活的**。

因為小熊貓**稀有又可愛**，

此後，英國、德國、美國、澳洲等國**紛紛引進**。

PANDA!
PANDA!

一時間小熊貓成了**人氣明星**，

咔嚓
咔嚓

不少動物園還拿牠們當攬客的**招牌**，
簡直成了動物界的**「大明星」**！

可惜……

沒多久，**大熊貓出道**了……

這兩個傢伙都愛吃**竹子**，

牙齒和**骨頭**長得還都差不多。

這讓歐洲人以為
牠們應該是**「一家人」**。

於是乎，大腿一拍，

大的叫**「大熊貓」**（Giant Panda），

小的……

就變成**小熊貓**

(Lesser Panda) 了……

一起出道這件事原本沒什麼，

奈何大熊貓實在**能力優秀**，

迅速成了**國際「大明星」**。

而同屬**「熊貓天團」**的小熊貓……

卻無奈**失寵**。

有人甚至認為
小熊貓**長大**就是大熊貓……

實在是**過氣網紅慘兮兮**啊……

不過言歸正傳，近年來小熊貓的

生存狀況也確實**不樂觀**。

棲息地**環境被破壞**，

捕獵屢禁不止，

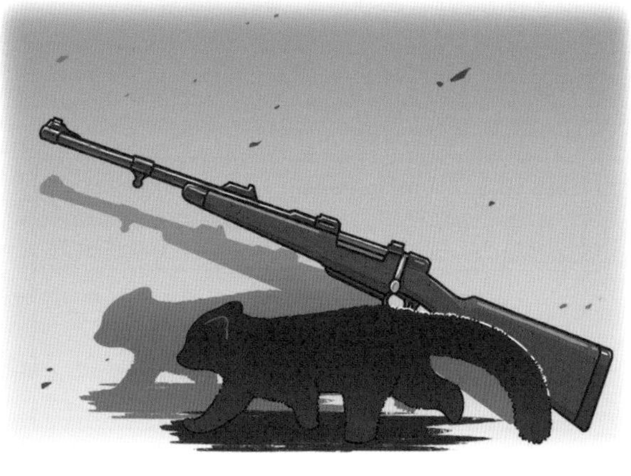

再加上小熊貓**容易生病**、**生得少**，

不到 20 年的時間，

小熊貓種群**數量驟減 50%**，

到 **2015 年**，全球僅剩**一萬隻**左右。

小熊貓的原來如此

世界自然保護聯盟（IUCN）**不得不**

把小熊貓的瀕危等級

由「易危」上調成**「瀕危」**。

瀕危
太難了……

不過慶幸的是，

全球各地已經建立了不少**保護區**，

禁止捕獵
保護野生動物
就是保護人類自己！

人工繁育也正在進行中。

肥志百科・動物C篇

以 **2019 年**為例，

中國大熊貓保護研究中心
就成功**繁育**了 35 隻小熊貓，

成活率達到 **70%**！

小熊貓的**種群恢復**
真的需要你我的**關注**。

無論是出於**物種的延續**，

還是被牠們的**可愛**吸引，

我們都**應該保護**小熊貓。

這個地球上的生靈都應該**被尊重**，

畢竟**保護牠們**就是**保護我們**自己。

【完】

附錄

【花式叫聲】

小熊貓平時比較安靜，只是偶爾會發出「嘶嘶」、「咕嚕」等聲音，但如果著急了也會「嚶嚶」叫，特別害怕時還會發出豬叫聲。要是幼崽感覺到危險，聲音則會像口哨一樣尖利。

【甜食愛好者】

小熊貓很愛甜食，是除靈長類以外，唯一能品嚐出人工甜味劑的脊椎動物。所以在動物園裡，飼養員除了竹子外，還會給小熊貓定量投餵蘋果、葡萄等水果，既能補充營養又能解饞。

附錄

【舌頭雷達】

小熊貓的舌頭非常厲害。牠們可以用舌頭捕獲空氣中殘留的味道，藉此判斷周圍是否有天敵的氣息。所以小熊貓愛吐舌頭可不是賣萌，可能是在判斷是否「有殺氣」。

【多功能尾巴】

小熊貓毛茸茸的大尾巴功能非常強大。牠能幫小熊貓在樹上保持平衡、提供偽裝，而且睏了能當「眼罩」，冷了還能拿來當「被子」。實在閒著無聊，尾巴還可以當玩具玩。

附錄

【逃跑專家】

善於攀爬的小熊是「逃跑專家」。2015 年杭州大雪，杭州動物園有三隻小熊貓趁飼養員不注意，順著被雪壓斷的樹枝溜出了圍欄。牠們在西湖旁邊玩了快一年，才被先後「捉拿歸案」。

【不是浣熊】

小熊貓和小浣熊雖然長得神似，但區分牠們很簡單：一、小熊貓是紅棕色的，小浣熊是灰黑色的；二、小熊貓的耳根長著一撮長毛，讓整個耳朵看起來像半個蝴蝶翅膀，小浣熊卻沒有。

另外就是

野外動物的進化都是為了「生存」，小熊貓也不例外，最好的證明就是牠那一身鮮艷的皮毛。

首先，牠的皮毛之所以是惹眼的紅棕色，是因為野生小熊貓喜歡生活在野外的樅樹上。樅樹的樹幹上常會長滿紅褐色的苔蘚，因此紅棕色的背毛能夠作為「偽裝色」，讓小熊貓成功地偽裝成樹枝的一部分。而除了苔蘚之外，樅樹上還經常會長有白色的地衣植物，而小熊貓臉部的白色花紋，就像畫在臉上的迷彩一樣，進一步增強了牠的「隱蔽性」。

此外，小熊貓的肚皮連著四肢都是黑褐色的。黑色容易吸熱，有利於小熊貓保持皮膚溫度，更好地保存身體能量。另外，這些深色毛皮還能更好地讓小熊貓和樹木的陰影融為一體。這樣掛在樹上休息時，地面上的捕食者就算抬頭看，也很難發現牠。不過，小熊貓也不是出生時就這樣，而是在長大的過程中，慢慢地顯現出牠們善於偽裝的特徵。

肥志與小黃

四格小劇場

【第39話　穿越時空】

只需要倒入模具等牠晾涼，我的巧克力就能完成了！
真想快些嚐一嚐……
有了！用下可以短暫穿梭時間的祕寶！
穿越到未來就可以了。
為什麼會有巧克力醬？

海獺的原來如此

牽手是人類表達**親密**的一種**方式**，

但是有一種**動物**也會牽……

牠，就是**海獺**！

註：海獺的漢語拼音為 hǎi 和 tǎ，注音符號為ㄏㄞˇ和ㄊㄚˋ。

不過海獺牽手可**不是**因為親密，

牠們會在**睡覺**的時候**牽手**，

為的是……**不被**海浪**沖散**。

海獺一般生活在

北太平洋的**海岸**和**島嶼**附近，

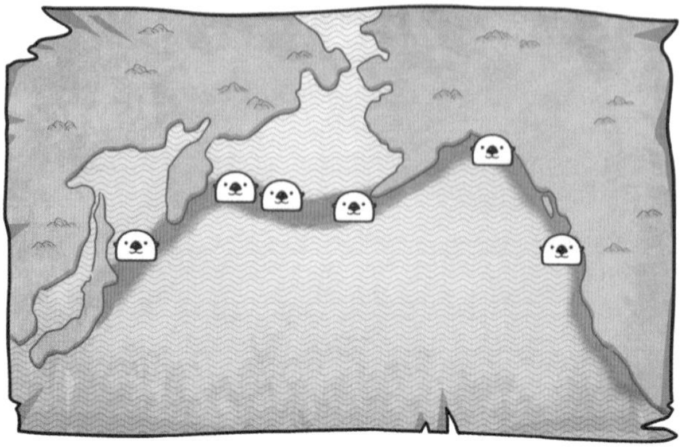

牠們有小小的**眼睛**，

厚厚的**皮毛**，

沒事還喜歡**「仰泳」**。

海獺屬於**鼬科**，

為了**覓食**，牠們的祖先
從 **200 萬年前**就開始**下海**。

在漫長的時光裡，
海獺**進化**出了**使用工具**的智慧！

牠們平時會**收集**一些**石頭**，

吃**貝類動物**的時候往石頭上**砸**，

從而吃裡面的**貝肉**。

跟**陸地上**的很多**遠親**相比，
海獺的身體也有不少**不同**。

長期的**水裡活動**
讓牠們的腳上長出了划水用的**蹼**，

背後的**尾巴**也變得扁扁的像**船槳**，

而**更獨特**的是牠們的**皮毛**，

海獺的毛髮**密度**

號稱**「動物之最」**！

有學者**研究發現**，

牠們身上一片**指甲大小**的**皮膚**
就有**近 10 萬**根毛。

這些毛髮**長短相間**，

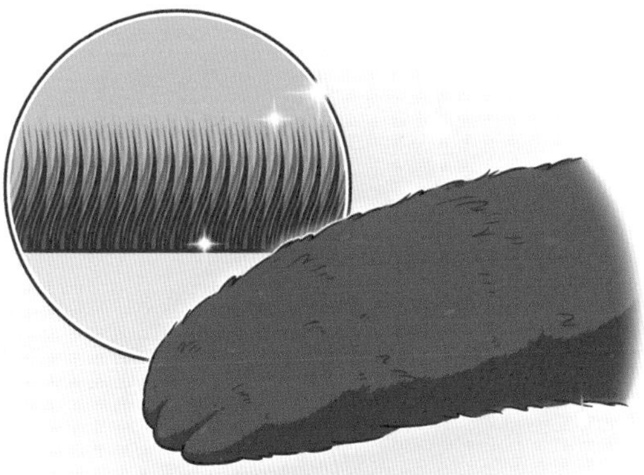

毛髮間能**包裹**大量的**空氣**，

不僅能**保溫**，

還能幫牠們**輕鬆地浮**在水面上。

人類在**1萬2千年前**
已經跟海獺打上了**交道**。

北太平洋島嶼的**原住民**們
就**很愛**牠們，

因為……能**吃**！

而且**海獺皮**也很**珍貴**。

而**大陸**上的人

則要等到 **18 世紀初**

才**陸續知道**這種動物，

註：sea otter fur，海獺皮毛。

柔軟細膩的海獺皮毛
一下就**征服**了人們。

但陸上人民**不是很清楚**
海獺的出沒規律，

即使喜歡……也不知往**哪裡找**。

這時，一場**意外**的發生帶來了**轉折**——

1741 年，

一支**俄國**探險隊因事故被**困在荒島**上，

饑餓把他們**逼入窘境**。

但這時他們發現
海島附近居然**聚居**著**大量海獺**，

這下不僅**解決**了**吃飯問題**，

甚至還**帶回去**了一大堆**皮毛**。

這件**事情**很快就**傳開了**，

從此**無數船隊**湧向太平洋**「淘金」**，

肥志百科．動物C篇

這給海獺們帶來了**巨大災難**！

據動物研究人員估計，

18 世紀中期全球海獺**數量**為 **15 萬到 30 萬**隻，

但由於人類的**大肆捕殺**，

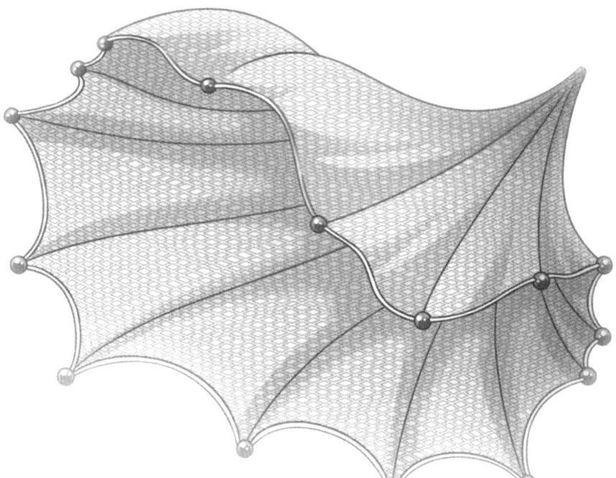

僅一個半世紀後，
這個數字就**暴跌**了 **99%**。

眼看這種可愛的生靈
正在**走向滅絕**，
各國開始**呼籲**保護海獺。

1911 年，美國、俄國、英國、日本
簽署了一項**保護皮毛動物**的公約。

公約**禁止**繼續捕殺瀕危的**海狗**和**海獺**，

幫助海獺更安全地**生存**，
也為牠們獲得了**更多關注**。

但是人們卻**碰到**了一個**難題**……

那就是——

當**一片海域**的海獺數量**過多**，

食物**不夠**時，

海獺們往往**不會遷徙**，

而是在那兒**等死**……

但一**人工搬遷**，

又基本**搬一隻死一隻**……

怎麼辦呢？

關鍵時刻，一位叫卡爾・凱尼恩
的**動物保護專家**出現了！

為了找出海獺**搬遷死亡**的**原因**，
他不斷**觀察**和**試驗**。

最終發現，
原來海獺很**愛乾淨**，

但人們在幫牠們**搬遷**的時候
都將牠們**關在籠子**或者**小池子**裡，

這很容易**弄髒**牠們的**皮毛**，

連帶**破壞了**

毛髮**防寒、防水**的功能。

等他們再被**放歸海洋**，

冰冷的海水就會把牠們**凍死**。

搞清楚這個問題後，
人們便換了**新的方法**搬遷牠們。

例如：用**流動的水「裝載」**海獺。

經過一番努力，
海獺的**保護**得到了逐步的完善。

根據**美國華盛頓州**
魚類和野生生物部的**統計**，

2004 年到 2012 年，
全球海獺的**數量**
已經恢復到 **12 萬隻**。

拯救海獺也因此成了人類**成功**保護
海洋動物的一個**經典案例**。

如今，吸引人們的**不再**只是華麗的**皮毛**，

牠們也**走進**人類生活中。

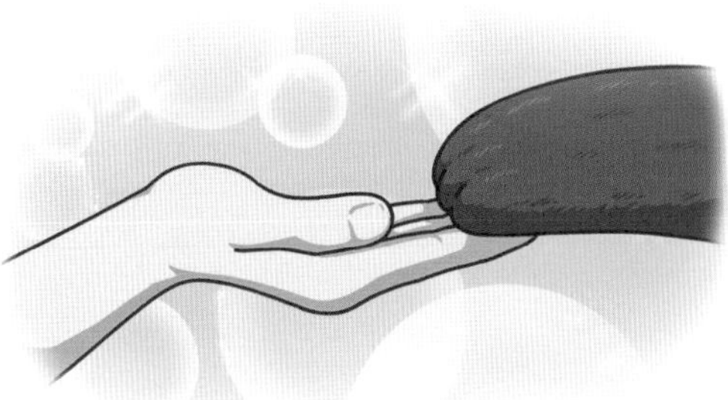

隨著**科技**的**發展**，

人們通過更多**媒體**瞭解海獺，

無論是**抱小海獺**，

還是**揉**自己的圓圓臉，

這些畫面都讓人**大呼可愛**，

註：「鐘意你」是粵語，意思是「喜歡你」。

甚至有不少**梗圖**……

註：wink，眨眼；「無眼睇」是粵語，意思是「沒眼看」。

沒有買賣就沒有殺害，

因為**人類**的**貪婪**，
被**逼上絕境**的動物還有**很多**，

但如同海獺一樣被**成功拯救**的
卻只是其中的**一小部分**。

在**欣賞**牠們賣萌的同時，

也要記得只有**愛護**和**珍惜**
這些可愛的**生靈**，

我們的**地球**才會**越變越好**！

【完】

【隱形口袋】

海獺不僅會把石頭放在胸口上用來開貝殼，遇到用得順手的石頭，還會收藏在自己的「腋窩」裡。這要歸功於牠們的腋窩處一塊鬆弛的皮膚，就像口袋一樣，除了能藏石頭還能臨時存食物。

【被迫洗澡】

石油洩漏是海獺的大敵。1989 年美國阿拉斯加港發生石油洩漏，約 3000 隻海獺因為皮毛被汙染最終喪命。美國為此建立了一支專業的海獺救援隊，一旦發現情況，就趕緊護送牠們去洗澡。

附錄

【挑食的美食家】

因為一直泡在冰冷的海水裡，海獺每天都要吃大量的食物。雖然牠們的捕食「菜單」中有超過 150 種獵物，但牠們尤其愛吃鮑魚、海膽等名貴水產，讓許多靠海吃海的漁民很頭疼……

【巨藻守護者】

海底有一種由巨藻組成的海藻森林，牠是很多海洋生物賴以生存的棲息地，卻很容易被海膽啃食破壞。這時，海獺就成了巨藻的守護者，牠們不但不怕海膽的利刺，還會以海膽為食。

【並不怕冷】

海獺經常被拍到「摀眼睛」的動作。有人覺得是因為「手冷」，有人說這是「眼睛冷」，但這都不是真的！海獺這麼做只是因為牠愛乾淨，「摀眼睛」是牠在整理、清潔臉部的毛髮而已。

【不擇手段】

除了在胸口「碎大石」外，海獺也會抓住貝殼用力往礁石上砸，「手速」差不多能達到每秒三次。而住在人類港口附近的海獺，還會拿船當砸貝殼的「砧板」，可謂為了吃不擇手段。

另外就是

除了海獺外，鯨魚、海豚、海象等海洋哺乳動物也都是由陸地而來。一方面，廣闊的海洋為牠們提供了食物，但另一方面，海水卻含有大量的鹽。陸地上的動物喝海水不僅不能解渴，還會因為海水鹽分過高出現「脫水」現象。所以要在海洋裡生活，就必須解決「排鹽」這個難題。

海獺每天會吃掉相當於體重四分之一的食物，其中大部分都是含鹽量極高的貝類，甚至還會直接喝下一些海水。攝入這麼多鹽，海獺究竟是怎麼調節體內鹽分的呢？答案是……尿尿！在適應海洋生活的過程中，海洋哺乳動物都進化出了強大的腎臟。牠們的腎臟就像一個「過濾器」，當攜帶有大量鹽分的血液經過時，多餘的鹽離子會被腎臟吸收和過濾，然後再溶入尿液裡一起排走。海獺不僅腎「好」，腎還特別大。牠們的腎臟約占全身體重的二%，而寬吻海豚只有一．一%，海狗一般也不超過〇．七%。也就難怪牠這麼能吃「鹹」了！

肥志與小黃

四格小劇場

【第40話 到底是誰?!】

我穿越到未來之後發現
我的巧克力……
離奇消失了……
究竟誰是
罪魁禍首？
現場留下的線索有……
一個留有
巧克力醬的空盆……
以及桌上
殘留的
麵包屑……
等等……麵包屑？
啄
？
啄

鯨的原來如此

龍涎香

註：涎的中漢語拼音為 xián，注音符號為ㄒㄧㄢˊ。

是一種名貴的**香料**。

1 公斤龍涎香就能價值 **10 萬元人民幣**……

註：約折合港幣 11 萬元，約折合新台幣 44 萬元。

那麼珍貴的東西**從哪裡來**呢？

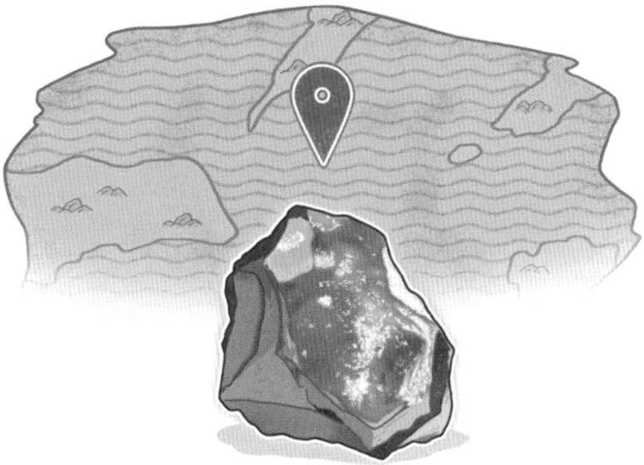

答案是……**鯨**！

龍涎香其實是

抹香鯨的一種**腸道分泌物**，

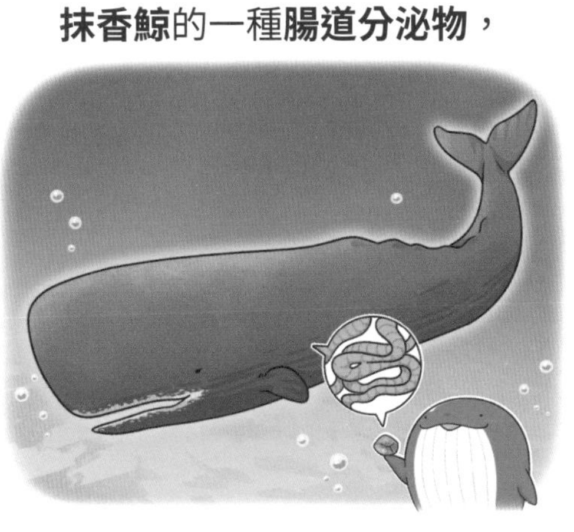

而牠的**「生產者」**——**鯨**，我們並不陌生。

嗯……但似乎知道得也**不**是很**清楚**……

所以今天我們就來**聊一聊**
這些大傢伙吧。

鯨是**鯨目**（Cetacea）動物的統稱，

抹香鯨、藍鯨、海豚……

都屬於這個大家庭。

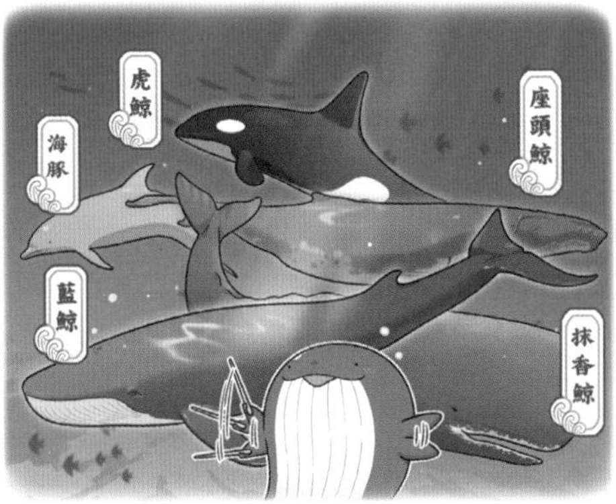

雖然**平時**大家會稱牠們為**「鯨魚」**，

但牠們其實**不是魚**，

跟**牛**啊，**羊**啊一樣，都是**哺乳動物**。

鯨出生時要**喝奶**，

游久了也要到海面**透氣**。

我們印象中的**「鯨魚噴水」**
其實就是牠們出來**換氣**。

這個**現象**曾經讓古人很**驚訝**，

他們認為這種大魚

頭上應該是有**一口井**，

所以在古代鯨魚也被稱為**「井魚」**。

然而，鯨也**不是**一開始就生活**在水裡**。

大約 **5000 萬年前**，
牠們的**祖先**還只生活在**岸邊**，

大小跟**狐狸**差不多。

為了**覓食**，牠們才慢慢**到了海裡**，

從此開始**演化**出了各種**形態**。

例如：**抹香鯨**

有大大的**「方腦袋」**，看起來有點**呆**，

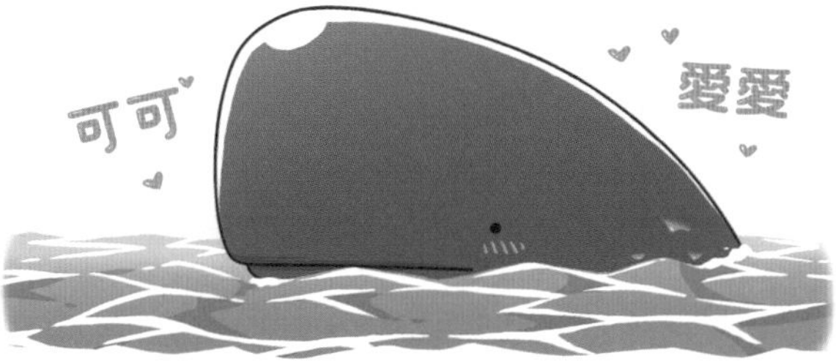

但連「海中怪獸」**大王烏賊**
都是牠們的**食物**。

而體形更大的**藍鯨**

更是**地球**有史以來
最龐大的動物，

體長可以**超過**一個籃球場，

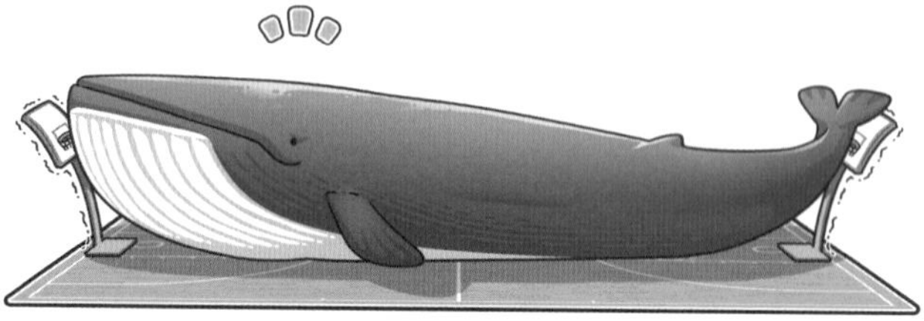

光**心臟**就有半輛**小汽車**那麼大。

所以很多**小事**到了鯨身上
則有了**大影響**。

例如，牠們的**便便**
就是**海藻**重要的**養料**。

根據科學家的研究，**海藻**又是自然界
最大的二氧化碳**「吸收工廠」**。

所以鯨**拉**多少便便，

搞不好……

能影響**地球的氣溫**……

作為這麼**龐大**的傢伙，

理論上鯨應該沒什麼**天敵**，

可惜……牠們遇到了**人類**……

人類至少在 **4000 年**以前

就有了**捕鯨**的紀錄。

（挪威、日本、北美……）

在古代，鯨**不僅**可以

讓海邊的人們**填飽肚子**，

牠們的**脂肪**還是重要的**照明燃料**。

到後來，
甚至連鯨嘴裡的**鯨鬚**也沒有浪費，

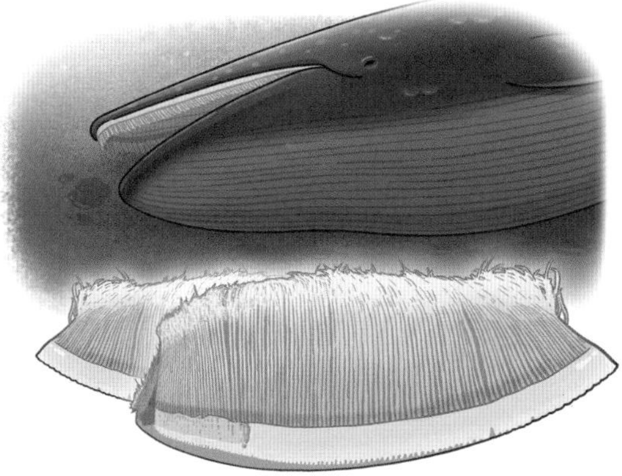

16-19 世紀，
歐洲流行一種束腰的**女士內衣**，

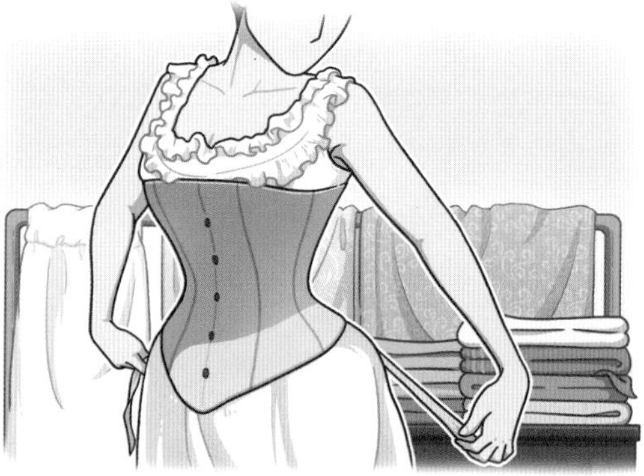

堅韌又有彈性的**鯨鬚**
就是做**內衣骨架**最好的材料。

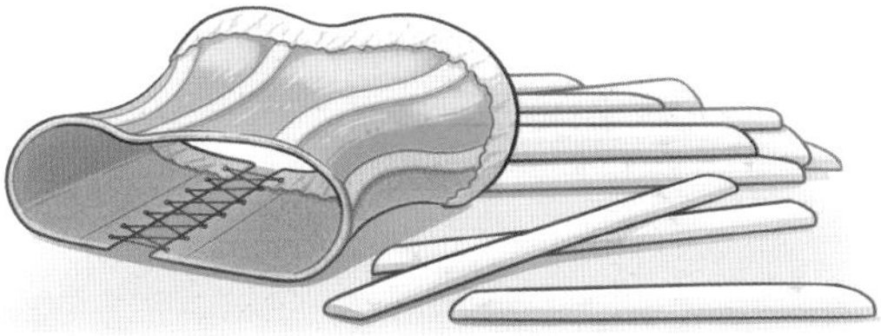

在那個時候
人類捕鯨還是要**費點工夫**的，

畢竟**體形差距**明顯……

但**蒸汽時代**來臨後，

天秤則徹底**倒向**了人類。

蒸汽船和**捕鯨炮**的發明
使鯨失去抵抗之力，

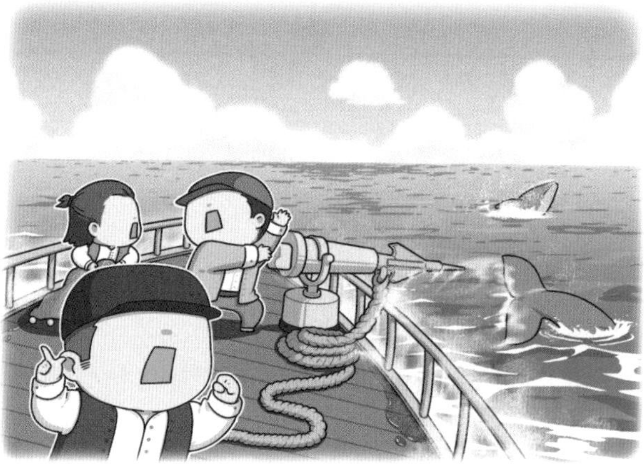

短短百年時間，

就有約 **42 萬**隻抹香鯨、

91 萬隻長須鯨、**40 萬**隻藍鯨

成為人類手下的**犧牲品**。

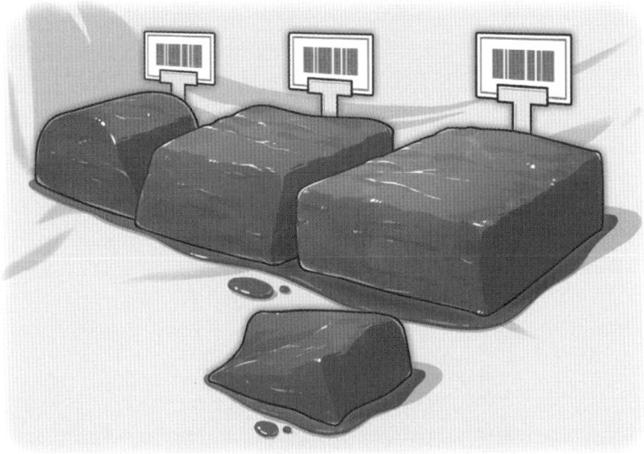

這期間也有**科研人員**和**志願者**
為牠們**奔走呼號**，

註：「志願者」香港稱「義工」，台灣稱「志工」，to protect the whale，保護鯨魚。

但因為缺少大眾的支持，
鯨的處境**岌岌可危**……

這時一位**動物學家**出現了，

他就是**羅傑・佩恩**。

佩恩是美國研究**鯨類聲音**的專家，

為了**喚起**大家對鯨的**重視**，

註：love the whale，愛鯨魚。

他決定把**鯨的叫聲**

和**流行音樂**結合起來。

經過他**不懈**的推薦，

鯨的聲音終於被錄進一位當紅歌手的**唱片裡**，

（《鯨魚和夜鶯》）

而且**引起**了當時美國社會的**巨大反響**，

於是他打鐵趁熱，又請人做了很多

專輯、電影、紀錄片。

鯨透過和大眾文化的結合，

逐漸**獲得**了大眾的**重視**。

1972 年，

美國**通過**商船漁業委員會提議的**法案**，

全面**禁止**本國人**捕鯨**。

10 年後，

國際上 **37 個國家**又投票通過了

《全球禁止捕鯨公約》，

禁止商業捕鯨才有了**正式的約定**。

雖然目前捕鯨行為
還**未能**得到完全的**制止**，

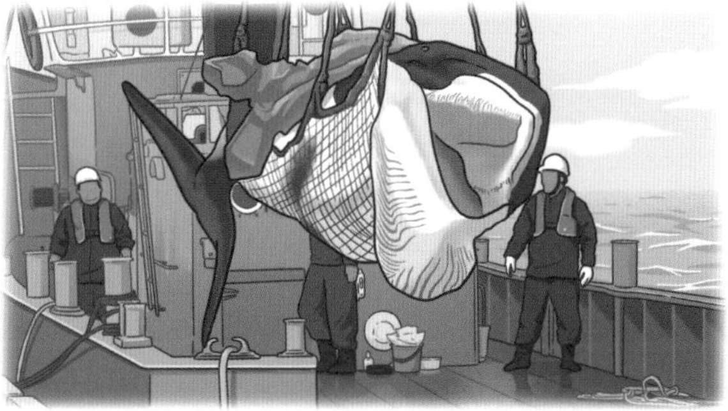

但人類**正在行動**中。

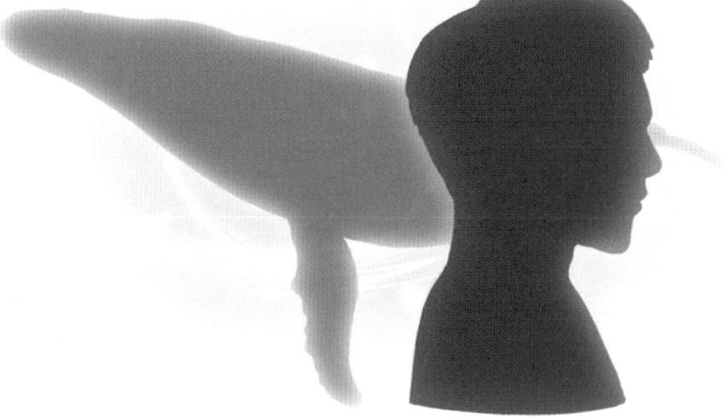

而除了**捕殺**外，

海洋上漂浮的**塑膠**、

穿梭的**貨輪**……

同樣是危害鯨的**重要因素**。

從遠古開始，
鯨便是這**地球的居民**，

牠們如同一塊塊**活化石**，記錄著一切。

希望我們能善待牠們，
而這也是在**保護**我們自己。

【完】

附錄

【有牙沒牙】

鯨分成齒鯨和鬚鯨兩類，區別是牠們有沒有牙。像藍鯨、座頭鯨所在的鬚鯨家族，嘴裡只有兩排厚厚的鯨鬚。覓食時牠們先把海水和魚蝦一起「含」在嘴裡，再用鯨鬚把海水都濾出來。

【龍涎香】

抹香鯨吃掉烏賊等動物後，難以消化的部分經腸道微生物、消化酶作用，會凝結成硬塊，這便是「龍涎香」。所以龍涎香本質上是一種罕見的「糞石」，只在大概 1% 的抹香鯨體內才有。

附錄

【鯨之歌】

座頭鯨是所有鯨類中叫聲最豐富的。牠們可以發出小而輕的嗚咽、長而低的嗡鳴、高亢的吶喊以及短促的喘息等。當牠們交流時，會組合使用這些聲音，因此被人稱為「座頭鯨之歌」。

【「年輪」耳屎】

鯨有耳朵，而且也有耳屎。夏季進食多的時候，牠們分泌的耳屎顏色比較淺；冬季遷徙時進食減少，顏色就會比較深。這些耳屎交替堆積，就像樹的年輪一樣可以看出一頭鯨的年紀。

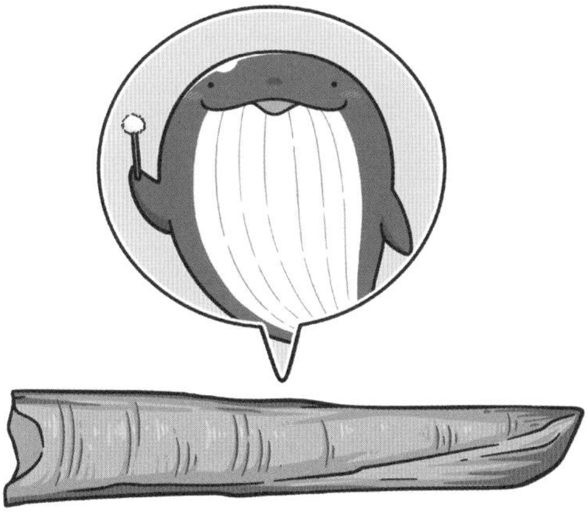

附錄

【癌症「剋星」】

雖然體形巨大，但鯨卻極少患上癌症。原因是牠們進化出了腫瘤抑制基因，降低了細胞的基因突變率。科學家正在據此研製鯨源性的抗癌藥物，希望藉此找到攻克癌症的祕方。

【白色座頭鯨】

1991 年，澳洲發現了一隻罕見的白色座頭鯨。人們給牠命名為米伽羅（Migaloo），是澳洲土著語「白色」的意思。為了保護牠，澳洲政府還專門立法，不許任何船隻接近他。

另外就是

遷徙是一些動物為了覓食和繁殖，季節性地從一個地方移動到另一個地方的行為。而鯨也是如此：牠們一般會在冬季向溫暖的熱帶海域進發，在那裡繁衍後代；然後在夏天前再重新回到寒冷的海域覓食。

二〇一一年，科學家追蹤了一頭九歲雌性灰鯨的遷徙路線。這頭名為「瓦爾瓦拉」的灰鯨在當年十一月底從俄羅斯東部海域出發，穿越白令海峽、北美洲的阿拉斯加灣，並在次年二月抵達了位於墨西哥西部的繁殖海域。這趟旅途單程就有一萬零八百八十公里，是哺乳動物中有記載的最長遷徙距離。

但近年來也有觀點認為繁殖或許不是鯨遷徙的唯一目的。鯨在寒冷海域活動時，低溫海水會降低牠們表皮的新陳代謝率。時間一長，皮膚上就會長出一層黃黃的海藻「泥」。有專家據此推測，鯨遷徙到溫暖海域其實也是想加快「換皮」的速度，以此來確保皮膚的健康。嗯……跟人定期要搓澡差不多一個意思。

肥志與小黃

四格小劇場

【第41話　就知道是你！】

太丟臉了！
我要逃離這裡！
時光寶盒！
回到過去——
回到半小時前
???
為什麼突然打我？
我就知道是你！

烏鴉的原來如此

烏鴉

給人的印象似乎都**不太好**……

例如：說話**不吉利**的人

會被說是**「烏鴉嘴」**；

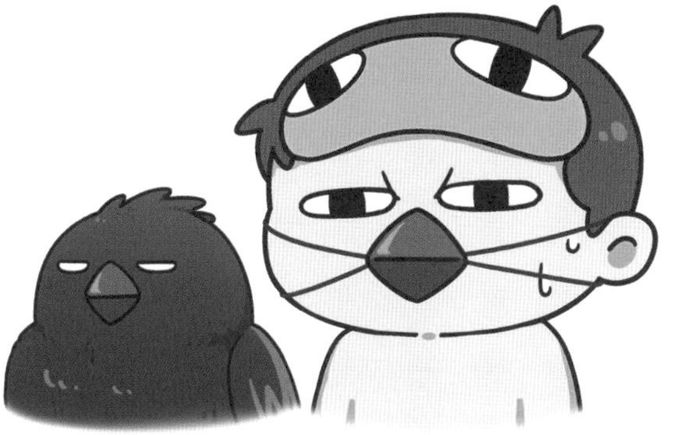

而形容人**「非常壞」**，

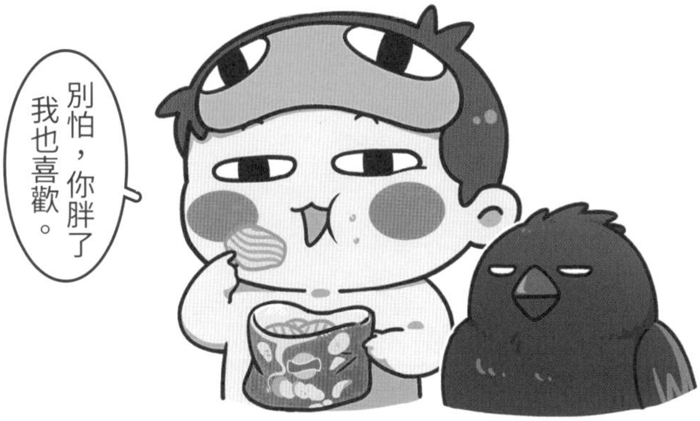
別怕，你胖了我也喜歡。

就是用**「天下烏鴉一般黑」**。

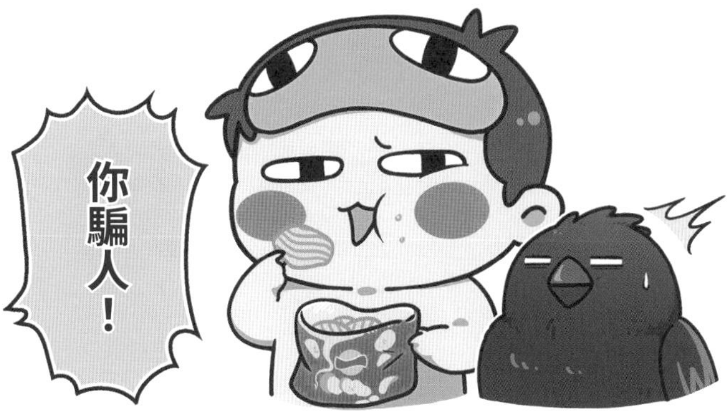
你騙人！

那麼烏鴉……到底招誰惹誰了，

如此**被排擠**呢？

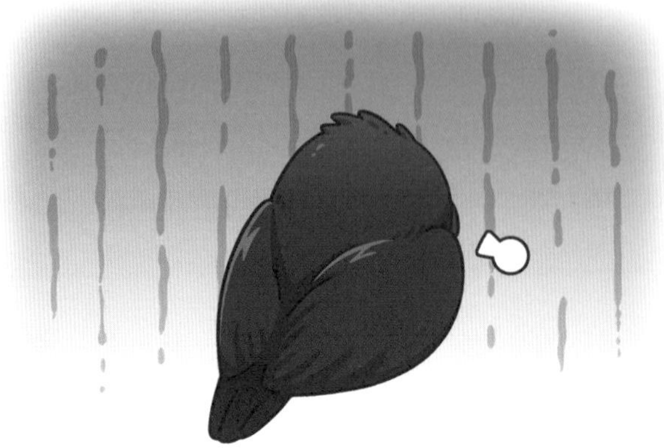

今天我們就來好好**「挖一挖」**——

烏鴉，也叫**老鴰**

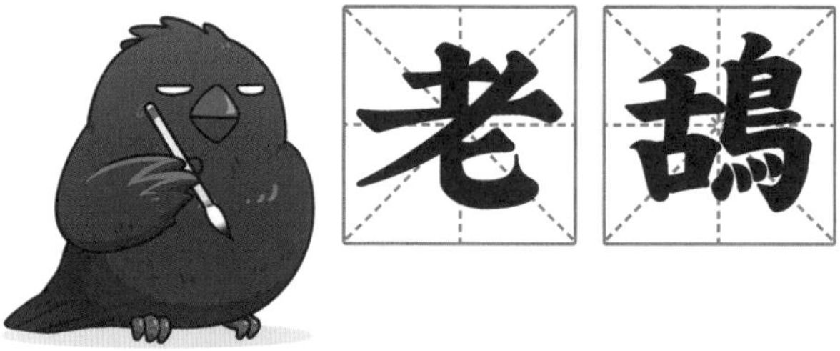

註：鴰的漢語拼音為 guā，注音符號為ㄍㄨㄚ。

雖然和喜鵲同屬**鴉科**，

但大多沒有艷麗的**羽毛**，
從頭「黑」到腳……

而且**嗓門**還特別**大**，

冷不防**「啊！」**地叫一聲，

足夠**嚇人一大跳**！

此外，烏鴉還是種**雜食性動物**，

會**翻垃圾**、**吃爛肉**……

這確實……

有點讓人喜歡不起來啊……

不過，人們**最早**對烏鴉的印象

其實並**不差**。

《山海經》裡

就有一個叫**「陽烏載日」**的故事，

說**日出**和**日落**

都是因為烏鴉在**馱著**太陽。

至於**為什麼是烏鴉**呢？

有學者推測，
這可能是因為**古人**在黎明或者傍晚時
觀察到了**太陽黑子**，

而由於**想不明白**那是什麼……

就乾脆……把牠**解釋成**了烏鴉！

古時候人們**崇拜太陽**，

烏鴉也就跟著成了**「神鳥」**，

加上**秦朝**受五德學說影響**推崇黑色**，

皇帝也是一身**黑衣**，

所以人們看烏鴉更是**順眼**到不行，

一度把牠當作**祥瑞之兆**。

然而**好景不長**，

後來天子們**拋棄黑衣**，換上了黃袍，

烏鴉的毛色隨之**不再「尊貴」**。

人們也在**頻繁**的戰事中

逐漸注意到了牠**吃腐肉**的習性。

因此等到了宋代，
著名儒學大師**朱熹**
就已經**公開吐槽**烏鴉，

不喜歡討厭噁心嫌棄
噁心嫌棄不喜歡討厭
噁心不喜歡……

說牠是**「不祥之物」**！

不祥之物
晦氣
食腐肉

這種**觀點**在後世逐漸**流行**開來。

烏鴉就這樣從「神鳥」，
變成了**「壞鳥」**。

而在**西方**呢？
烏鴉的**經歷**也沒好到哪去。

歐洲人**起初**同樣把牠當**「神鳥」**。

例如，**北歐神話**裡

眾神之王**奧丁**之所以**無所不知**，

就是因為他肩上有兩隻**烏鴉**會告訴他**一切**，

奧丁也因此又被稱為
「烏鴉之神」！

而**凱爾特神話**裡還有一個
叫莫瑞甘的**女戰神**，

她能**化身**成烏鴉，

還能**預言**和左右**戰爭**的走向。

可惜隨著**神話的衰落**，

烏鴉最後還是成了**不祥的代名詞**。

14-17 世紀歐洲**黑死病**肆虐，

（一種由鼠疫耶爾森菌引起的傳染病）

導致近 **5000 萬**歐洲人**死亡**。

當時流行的觀點是，

黑死病會透過**「壞空氣」傳播**，

醫生要**治病**首先要學會**自保**。

於是，一位叫

查爾斯·德洛姆的醫生出現了。

德洛姆是法國**國王**路易十三的**御醫**，

為了治療黑死病，
他**發明**了一套非常奇特的防護**裝備**。

首先，臉上是
一個鳥嘴形的**「防毒面具」**，

裡面**塞上**肉桂、蜂蜜、毒蛇肉粉等

超過 50 種**香料和藥材**，

專門用來**過濾**有「毒」的空氣；

此外，問診時為了**不直接接觸**病人，

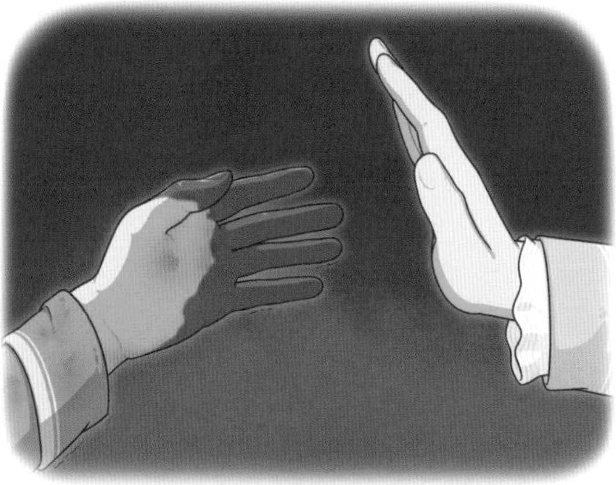

還要帶一根**手杖**；

最後，再配上防水的**黑袍**、高高的**黑帽**。

全套裝備下來非常像……**烏鴉成精**！

這套防護服很快地就**被推廣**，

可惜醫生們穿著牠**在街上東奔西走**，

卻還是對病毒**束手無策**，

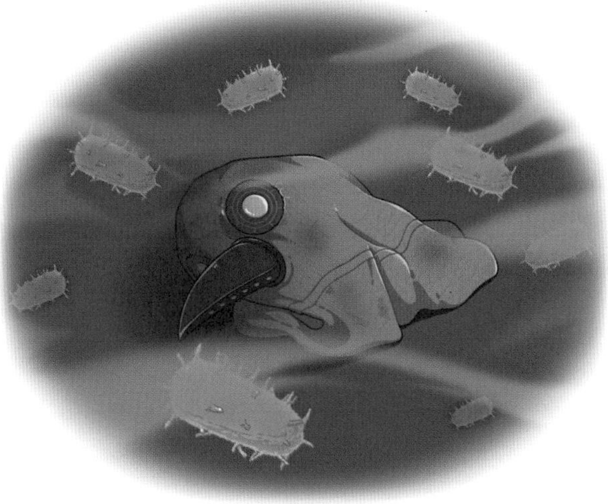

最後，反倒被**誤以為**
是**「烏鴉使者」**在傳播死亡。

人們對烏鴉也再**難有**什麼好印象。

那麼，處處**遭人嫌棄**的烏鴉
就這麼**一無是處**嗎？

當然不是！

有研究顯示

烏鴉和**猩猩**一樣擁有很高的**智力**，

不僅會使用工具，

學習能力還**特別強**。

近年來，**亂丟煙頭**成為許多國家
一個**煩人**的現象，

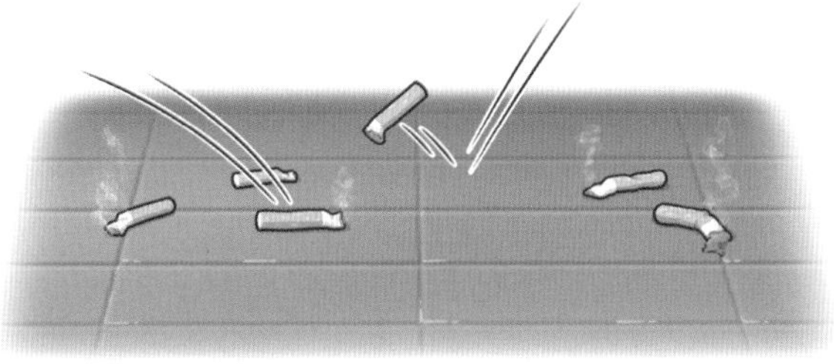

於是法國開始**嘗試**
人工**訓練烏鴉**撿煙頭。

一家荷蘭公司也**蠢蠢欲動**，

為了充分**利用**烏鴉的高智商，

他們**設計**了一個**機器**。

只要烏鴉把**煙頭丟進去**，

機器就會**自動**掉出
花生米作為**獎勵**。

用這種方法
吸引烏鴉化身**「城市清潔工」**，

誕生了人跟烏鴉**相處**的
一種**新模式**！

時過境遷，
烏鴉早已**不是**高高在上的**神鳥**。

就像其他很多動物**一樣**，

怎麼**認識**牠們，
決定了我們如何跟牠們**相處**。

同樣的道理，
一直把牠們當「壞鳥」
也不是**科學的態度**。

換個眼光看人，

世界說不定就會**更精采**一些！

你說是不是呢？

【完】

附錄

【不丹國鳥】

在南亞不丹國的傳說中，不丹的守護神曾化作烏鴉的形象降臨。所以在不丹，烏鴉不僅被視為國鳥，還是皇家權威的象徵。像新國王上任時，就要佩戴頂部有烏鴉裝飾的「烏鴉皇冠」。

【烏鴉接食】

湖北武當山是道教聖地，傳說道教尊神真武大帝到這裡修行時曾受到烏鴉指引。於是信徒們不僅在山上建了烏鴉廟，還會給飛過的烏鴉投食。流傳下來，「烏鴉接食」也就成了武當一景。

附錄

【薅毛流氓】

烏鴉會明目張膽地「偷吃」其他捕食者捕來的肉。由於牠身手敏捷，捕食者是趕也趕不走。科學家推測，烏鴉平時喜歡薅各種動物的毛，就是在試探動物們的反應，方便日後蹭吃蹭喝。

【八咫烏】

據說當年日本第一代天皇神武天皇東征時，在山林中迷了路。最後是天神派出一隻名叫「八咫烏」的三腳烏鴉為他引路，部隊才得以順利前進。所以日本人就把烏鴉視為「立國神獸」。

【倫敦塔烏鴉】

英國有一座倫敦塔裡常年居住著烏鴉。這座塔過去是個刑場，英國百姓一度相信，如果烏鴉飛走，不但塔會倒，國家也會滅亡。延續到現在，塔上的烏鴉不但沒人趕，還有專人照顧。

【倒霉的烏鴉】

希臘神話裡，烏鴉原本是白色的。有一回，光明之神阿波羅從烏鴉那裡聽說自己的情人已經移情別戀。阿波羅盛怒之下，不但殺了情人，還燒焦了烏鴉，結果烏鴉就變成黑色了。

另外就是

人類對烏鴉的誤會真的非常多。烏鴉吃垃圾、吃腐肉，讓人覺得很晦氣。但在自然界，這反倒是不可多得的優點。英國曾有這麼一個故事：十七世紀時，因烏鴉偷吃作物、攻擊家畜，英國倫敦市民曾對牠們大開殺戒。那時，城市的環衛還不像現在這麼好。自從沒有烏鴉後，倫敦慢慢變得垃圾如山、瘟疫肆虐。英國人意識到了烏鴉的重要性，這才又趕緊開始保護和繁育烏鴉。事實上，烏鴉吃腐肉、吃垃圾，不僅加速了生態系統的物質循環，還能減少有機物腐爛時帶來的疾病和汙染風險，作為大自然的「清道夫」，烏鴉非常了不起！

另外，天下的烏鴉也不都是黑色。從生物學上說，「烏鴉」其實是對鴉科鴉屬中多個黑色鳥種的俗稱。這個屬的成員有的長著白肚皮，有的頸部有白圈，有的黑白相間，甚至還有全是白色的。而且就算是黑烏鴉，在特定角度的陽光下看，牠們的羽毛也會呈現出藍紫色或藍綠色，非常好看！

肥志與小黃

四格小劇場

【第42話　我也有法寶】

原來這是個短暫穿梭時空的法寶……
怎麼樣，是不是很厲害?!
這樣的法寶，我也有啊！
?!
喏……就是牠！
數學
?
每次我打開數學課本，一眨眼就會到幾小時後。
你那就是單純地睡著了吧！

樂觀與勇敢

BE BRIGHT & BRAVE

FATCHI ENCYCLOPEDIA